EXPÉRIENCES NOUVELLES

POUR CONSTATER

L'ÉLECTRICITÉ DU SANG

ET

POUR EN MESURER LA FORCE ÉLECTROMOTRICE,

PAR H. SCOUTETTEN,

Docteur et professeur en médecine, membre correspondant de l'Académie impériale
de médecine de Paris, Officier de la Légion d'honneur, Commandeur des ordres
impériaux de Saint-Stanislas de Russie et du Medjidié de Turquie, décoré
de la médaille criméenne de la Reine d'Angleterre, membre des
Académies impériales de Metz, Toulouse, Lille, Nancy, etc.

Mémoire présenté à l'Académie des sciences (Institut), séance du 9 novembre
1863, présidence de M. Velpeau ; — inséré par *extrait* dans les Comptes
rendus hebdomadaires des séances, tome LXII, n° 19,
et publié en entier dans la *Gazette hebdomadaire de médecine
et de chirurgie* de Paris, tome X, p. 821.

SUIVI D'UNE DEUXIÈME LETTRE

A MONSIEUR J. BÉCLARD,

Professeur à la Faculté de médecine de Paris,
Membre de l'Académie impériale de médecine, etc.

PARIS. — 1864.

EXPÉRIENCES NOUVELLES

POUR CONSTATER

L'ÉLECTRICITÉ DU SANG

ET

POUR EN MESURER LA FORCE ÉLECTROMOTRICE [1].

MÉMOIRE PRÉSENTÉ A L'ACADÉMIE DES SCIENCES (INSTITUT)

Séance du 9 Novembre 1863.

PAR H. SCOUTETTEN.

Déjà, le 27 juillet dernier, j'ai eu l'honneur de soumettre à l'Académie le résultat d'expériences faites pour constater l'existence de l'électricité du sang chez les animaux vivants.

Ce travail, inséré dans les *Comptes rendus* (t. LVII, n° 4),

[1] Les articles déjà publiés sur l'électricité du sang sont : 1° Mon premier mémoire inséré dans les Comptes rendus de l'Académie des sciences, tome LVII, n° 4, et reproduit dans la plupart des journaux scientifiques. — 2° Les objections de M. le docteur Dechambre, publiées dans la *Gazette hebdomadaire* de médecine et de chirurgie, tome X, 7 août 1863. — 3° Lettre de M. J. Béclard à M. Dechambre ; — *Gazette hebdomadaire*, idem, tome X, 14 août 1863. — 4° Ma lettre à M. Dechambre ; — *Gazette*, idem, 11 septembre 1863. — 5° Lettre de M. Dechambre à M. Scoutetten ; — *Gazette*, idem, 18 septembre 1863. — 6° Ma lettre à M. J. Béclard ; — *Gazette*, idem,

a provoqué plusieurs objections qui exigeaient une sérieuse attention. J'y ai répondu par des faits précédemment acquis à la science et par des déductions qui me paraissaient exactes. Ces preuves n'ayant point été considérées comme suffisantes, j'ai dû faire de nouvelles expériences pour détruire les doutes existant encore dans l'esprit des savants.

Mais, avant de me livrer à de nouvelles recherches, j'ai cru nécessaire, afin de mieux connaître les points faibles de mon travail, de solliciter l'avis et les conseils de toutes les illustrations scientifiques de la France et de l'étranger. Les réponses bienveillantes que j'en ai reçues contiennent l'approbation la plus absolue du procédé expérimental que j'ai adopté; mais dans plusieurs d'entre elles le platine est considéré comme jouant un rôle dans la production des phénomènes électriques observés.

Le platine, en effet, est un métal qui, par la prompte polarisation qu'il éprouve, modifie souvent les résultats d'une expérience délicate et peut même en changer totalement le caractère.

Pour éviter cet inconvénient, M. le professeur Buff, de Giessen, M. du Bois-Reymond, de Berlin, d'accord en cela avec M. Béclard [1], me conseillèrent tous deux de ne point

tome X, 2 octobre 1863. — Réponse de M. J. Béclard, même journal, page 651. — 7º Expériences nouvelles pour constater l'électricité du sang et pour en mesurer la force électromotrice; — Comptes rendus de l'Académie des sciences, tome LXII, nº 19, *extrait*, et le mémoire entier dans la *Gazette hebdomadaire*, etc., tome X, 11 décembre 1863. — 8º De la Rive; — *Bibliothèque universelle de Genève*, 20 novembre 1863, page 279. — 9º Deuxième lettre à M. J. Béclard; — *Gazette hebdomadaire*, tome XI, 1864.

[1] Deuxième lettre du professeur Béclard. — *Gazette hebdomadaire*, page 654, tome X.

mettre le platine en contact immédiat avec le sang ; « car il serait d'un grand intérêt scientifique, dit M. Buff, d'étudier cette question indépendamment de l'influence perturbatrice des électrodes. » Dans ce but, ces deux savants professeurs m'engagèrent à modifier mes expériences de la manière suivante : l'appareil se composerait d'une auge en bois, divisée en quatre compartiments séparés par des membranes poreuses ; dans les deux compartiments du milieu seraient le sang rouge et le sang noir mis en contact, mais séparés par la membrane ; dans les compartiments extrêmes serait de l'eau faiblement salée ; c'est dans ce dernier liquide que plongeraient les électrodes en platine.

Cette disposition évite, en effet, le contact du sang avec les électrodes, mais le platine reste avec tous les inconvénients qui lui sont inhérents.

M. de la Rive et d'autres physiciens illustres me proposèrent d'employer, pour électrodes, des lames d'or ou d'argent qui se polarisent beaucoup moins vite que le platine.

Enfin M. Matteucci, prenant intérêt à la question, eut l'extrême obligeance de m'écrire plusieurs lettres ; dans l'une d'elles, en date du 23 octobre dernier, il me propose d'abandonner tout à fait le platine et de le remplacer par des électrodes en zinc amalgamé plongeant dans une dissolution de sulfate de zinc saturée et neutre, procédé indiqué depuis longtemps dans ses ouvrages [1]. Voici la description de l'appareil appuyée d'un dessin de sa main. Les électrodes sont en zinc amalgamé ; le sang rouge et le sang noir sont mis dans un vase divisé en deux compartiments par une cloison poreuse ; deux autres vases contiennent une dissolution de sulfate de zinc saturée et neutre ; des mèches de

---

[1] Ch. Matteucci, *Cours d'électro-physiologie,* p. 124. — Paris, 1858, in-8°.

coton plongent dans l'un et l'autre sang ; deux autres mèches
de même nature plongent dans la dissolution de sulfate de
zinc, ces mèches sont rapprochées, jusqu'au contact, de
celles qui sont dans les deux sangs, les électrodes en zinc
sont également plongées dans la dissolution, un fil en laiton
les relie au galvanomètre et le circuit est établi.

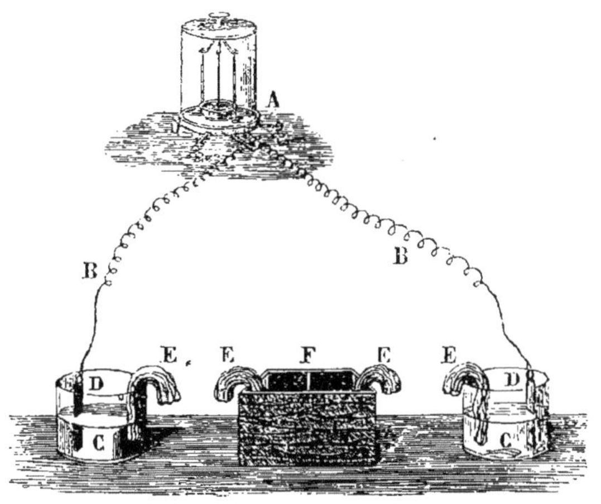

A, galvanomètre ; B, fils conducteurs ; C, C, vases contenant la
dissolution de sulfate de zinc ; D, D, électrodes en zinc amalgamé ;
E, E, E, E, mèches en coton ; F, auge en bois à deux compartiments
contenant les deux sangs séparés par une cloison poreuse.

Trouvant quelques inconvénients à plonger des mèches
de coton dans des liquides qui se coagulent, nous les avons
remplacées par de petits vases poreux contenant la dissolution de sulfate de zinc. Cette légère modification de
l'appareil ne porte aucune atteinte au principe sur lequel
il est établi, elle ne fait qu'en rendre l'application plus

facile, elle évite ou diminue l'influence des phénomènes d'endosmose. Voici notre appareil simplifié.

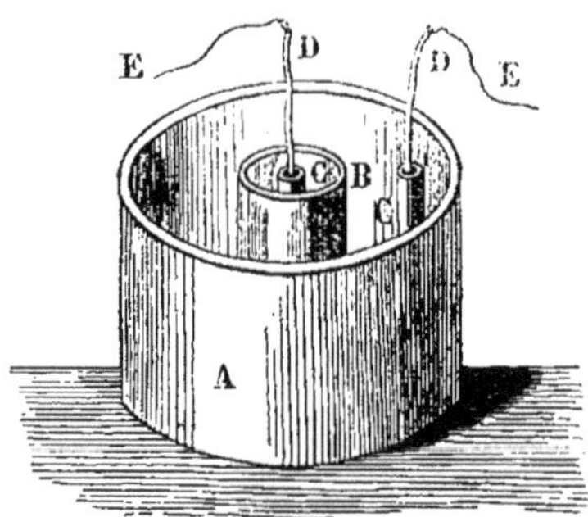

A, grand vase contenant le sang veineux ; B, vase poreux contenant le sang artériel ; C, C, petits vases poreux contenant la dissolution du sulfate de zinc ; D, D, électrodes en zinc amalgamé ; E, E, fils conducteurs se reliant au galvanomètre.

Un grand vase en porcelaine, à large ouverture, de la capacité d'un litre et demi, a été rempli, à moitié, de sang veineux ; au milieu de ce liquide plongeait le vase poreux contenant 400 grammes de sang artériel ; deux autres petits vases poreux, de soixante centimètres cubes de capacité, contenaient la dissolution de sulfate de zinc. Ces petits vases plongeaient en même temps dans l'un et l'autre sang ; les électrodes zinc plongeaient dans la dissolution et ne touchaient pas le sang.

Dès que les électrodes, rattachées préalablement au galvanomètre par des fils de laiton, pénétrèrent dans le liquide, le courant s'établit aussitôt. Nos expériences furent faites le 29 octobre, à sept heures du matin, en présence de chimistes, de physiciens et de médecins distingués.

Le sang était fourni par un cheval fort âgé, bien portant, mais destiné à être abattu dans la journée. Le sang artériel sortait de la carotide droite en même temps que le sang veineux s'échappait de la veine jugulaire gauche. Le vase poreux contenant le sang artériel fut plongé aussitôt dans le sang veineux et tout l'appareil fut entouré d'eau à la température de 40 degrés centésimaux pour ralentir la coagulation. Les petits vases poreux contenant la dissolution de sulfate de zinc furent enfoncés jusqu'aux deux tiers de leur hauteur, dans l'un et l'autre sangs, les électrodes en zinc amalgamé y furent plongées lentement et simultanément, et aussitôt le courant se manifesta par la déviation de l'aiguille, il indiquait, comme dans les expériences antérieures, que le courant interpolaire était positif, allant du sang artériel au sang veineux à travers le galvanomètre.

L'aiguille alla d'abord frapper l'arrêt de l'instrument, puis elle oscilla et vint finalement se fixer au 66me degré, où elle se maintint près d'une heure, bien que le sang fut complétement coagulé : après ce temps l'aiguille descendit de quatre degrés et nous cessâmes l'expérience. Le galvanomètre employé était celui de Nobili, la bobine portant dix mille tours.

D'autres expériences, faites le même jour, dans des conditions identiques, nous ont permis de mesurer la force électromotrice du sang ; travail qui nous a paru indispensable pour compléter la démonstration d'un fait contesté, mais qui, je l'espère, sera désormais acquis à la science.

Toutefois il reste une objection, déjà faite et qu'on renouvellera sans doute, c'est qu'il n'est pas évidemment démontré que les faits se passent à l'intérieur du corps comme nous les observons lorsque le sang est soumis à l'action de nos instruments. Cette remarque est juste, aussi d'autres expériences, déjà faites, devront-elles répondre à cette observation.

Les méthodes employées pour mesurer la force électromotrice ont beaucoup varié; en outre, jusqu'à ce jour, on s'est rarement occupé d'apprécier l'intensité des forces électromotrices lorsqu'on n'avait pour but que de constater les phénomènes électriques obtenus dans des recherches spéciales; on se bornait à comparer, par les déviations de l'aiguille du galvanomètre, les effets produits par les corps mis en présence. Sans doute on peut obtenir des effets comparables en se servant d'un galvanomètre à grande résistance, si les couples composés pour l'observation sont bons conducteurs du courant, condition qui permet de considérer comme constante la résistance des circuits.

Il en est tout autrement dans les expériences d'électro-physiologie; on opère sur des liquides ou sur des substances ne possédant qu'un faible pouvoir conducteur, ce qui fait que, malgré l'emploi d'un galvanomètre à long fil, les effets accusés ne sont pas indépendants de la nature des circuits.

En opérant dans ces conditions il est impossible de connaître la cause de l'intensité des courants, et cependant il est essentiel de chercher à évaluer la force électromotrice qu'on étudie.

D'après les méthodes adoptées par MM. Fechner et Ed. Becquerel, dont le but est de rendre les résistances constantes par l'emploi du galvanomètre ou de la balance électromagnétique à long fil, il se présente des difficultés qui rendent ces méthodes difficilement applicables à des recherches d'électro-physiologie. Il en est de même du procédé de M. Wheatstone qui a l'inconvénient d'exiger l'emploi de rhéostats à très-grande résistance.

Ces considérations ont conduit mon gendre, M. Bouchotte, ancien élève de l'École centrale des arts et manufactures, à préférer, dans ces recherches ainsi que dans d'autres qui lui sont personnelles, l'emploi d'un mode d'évaluation emprunté en partie à MM. Poggendorff et J. Regnauld. Il a composé des couples types à courant constant, d'un pouvoir électromoteur très-faible, couples formés d'étain plongeant dans une dissolution de protochlorure d'étain et de sel marin, et de plomb dans un mélange de chlorure de plomb et d'eau salée.

Depuis ces expériences M. Bouchotte a encore étudié le couple étain et plomb dans leur nitrate respectif, couple qui possède une puissance électromotrice remarquable par sa constance et par son peu de puissance, ce qui le rend éminemment propre à servir d'unité de mesure.

En comparant, par le procédé de M. Wheatstone, le couple type tel que nous l'avons composé, au couple de Daniell, nous avons trouvé que ce dernier ayant pour force électromotrice 58, le couple type possédait un pouvoir exprimé par 4,50.

Maintenant, pour calculer la force électromotrice produite au contact du sang artériel et du sang veineux, nous avons procédé comme il suit :

Du sang artériel étant versé dans un vase poreux, l'autre sang mouillait l'extérieur de ce vase ; les petits vases poreux contenaient la dissolution de sulfate de zinc pur ainsi que les deux lames de zinc amalgamé ; ce couple mis en communication avec le galvanomètre de dix mille tours a donné un courant constant, prouvant que l'électrode en rapport avec le sang artériel prend l'électricité positive. En mettant ce couple *en opposition* avec le couple type, le courant change de sens, ce qui démontre que la force dégagée par la réaction des deux sangs est comprise entre 0 et 4,50 ; mais il nous fut facile d'arriver à une appréciation mieux déterminée de la force électromotrice. En effet, dans trois expériences successives nous avons obtenu des résultats qui concordent d'une manière remarquable.

Première expérience.

Déviation de l'aiguille.

Couple de sang essayé seul....   + 67° tangente = 2,3559

Couple de sang en opposition
avec un couple type........   — 59°   id.   = 1,6643

Deuxième expérience.

Couple de sang essayé seul....   + 65°   id.   = 2,1445

Couple de sang en opposition
avec un couple type........   — 55°   id.   = 1,4281

Troisième expérience.

Couple de sang essayé seul....   + 64°   id.   = 2,0503

Couple de sang en opposition
avec un couple type........   — 56°   id.   = 1,4825

La moyenne des tangentes positives est 2,1839, et celle des tangentes négatives 1,5251. Il est évident que la force électromotrice que l'on cherche est à celle du couple type comme le premier nombre 2,1839 est à la somme des deux tangentes

$$2,1839 + 1,5251 = 3,7090 ;$$

ainsi

$$\frac{1,5251}{3,7090} \times 4,50 = 1,82$$

qui est la force électromotrice créée au contact des deux sangs, 58 étant celle du couple de Daniell. En d'autres termes, la force électromotrice du zinc dans l'acide sulfurique au $\frac{1}{10}$ étant représentée par 100, le couple de Daniell aura pour expression 76,24, celui d'étain et plomb dans leur chlorure respectif 6, enfin celui des deux sangs 2,43.

Dans le cas particulier qui nous occupe, il n'y a pas lieu de craindre les erreurs résultant de grandes déviations de l'aiguille aimantée, puisque les nombres positifs et négatifs sont peu différents. Mais il n'en serait pas de même dans la plupart des expériences, ce qui fait qu'il est essentiel de remarquer qu'en employant, suivant les cas, des systèmes d'aiguilles plus ou moins astatiques, on n'obtiendrait que des déviations assez faibles pour être autorisé à considérer leurs tangentes comme l'expression des intensités des courants.

Nous n'avions ici à mettre en jeu qu'un seul couple type, mais il est facile de concevoir que la manière de procéder serait la même si la force qu'on veut évaluer était comprise entre les limites de n et $n + 1$ couples types.

Exemple : Soit x la force électromotrice qu'il s'agit de mesurer, E celle d'un couple type, n et $n + 1$ les nombres d'éléments entre lesquels est compris x, soit enfin P et Q la valeur des tangentes des déviations limites, on aura :

$$x - n\mathrm{E} = \mathrm{P}, \qquad x - (n+1)\,\mathrm{E} = -\mathrm{Q},$$

d'où

$$x = \left(\frac{\mathrm{P}}{\mathrm{P} + \mathrm{Q}} + n \right) \mathrm{E}.$$

Telle est l'expression générale de x.

Dans les expériences citées plus haut, comme $n = 0$ on avait

$$x = \frac{\mathrm{P}}{\mathrm{P} + \mathrm{Q}} \mathrm{E}.$$

Constatons enfin que, dans toutes ces expériences, la conductibilité des circuits ne varie jamais que de la quantité qui correspond à la résistance d'un seul couple type, résistance qui peut être considérée comme nulle si on la compare à celle du long fil du galvanomètre et des couples qui agissent en permanence. Cette *méthode d'opposition*, ainsi modifiée, peut être considérée comme susceptible d'accuser des résultats d'une grande précision ; elle est, en outre, d'une application facile pour toutes les recherches qui s'appliquent à des substances ne possédant qu'un faible pouvoir conducteur pour l'électricité.

Metz, le 18 décembre 1863.

A Monsieur J. BÉCLARD, professeur à la Faculté de médecine de Paris.

Monsieur et très-honoré professeur,

Ce n'est ni par oubli ni par indifférence que je n'ai pas encore répondu à votre dernière lettre insérée dans la *Gazette hebdomadaire* (t. 10, n° 40). Mon silence n'était que le recueillement imposé par la valeur de vos arguments scientifiques, et par la fermeté avec laquelle vous mainteniez votre assertion sur le rôle du platine dans la production du courant électrique au contact des deux sangs.

Malgré ma conviction contraire, je comprenais que la dialectique, quelque sérieuse qu'elle fût, n'était pas suffisante pour modifier votre opinion; que des textes d'auteurs opposés les uns aux autres ne sauraient lever la difficulté, que les faits seuls doivent parler, et qu'il était indispensable de s'en remettre à l'expérience pour décider de quel côté se trouve la vérité.

Mais avant de me livrer à un nouveau travail, j'ai pensé qu'il serait sage de provoquer le jugement des savants sur la régularité de mes expériences et de les prier de m'indiquer les rectifications qu'ils jugeraient nécessaires d'y apporter.

J'ai interrogé les physiciens et les chimistes les plus illustres de l'Angleterre, de l'Allemagne, de l'Italie, de la Suisse, de la France; ils m'ont répondu avec cette haute bienveillance qui caractérise les hommes éminents, et avec cette impartialité qu'imposent la vérité et le respect de la science.

Qu'il me soit permis de leur exprimer immédiatement ma profonde reconnaissance !

Je regrette de n'être pas autorisé à publier intégralement leurs réponses, mais je vous dois l'expression fidèle de leur jugements et je suis prêt à vous communiquer les textes originaux.

Pour ne rien laisser ignorer, j'ai transmis les documents de la controverse, les accompagnant d'une lettre contenant ces deux interrogations :

1° Les expériences ont-elles été régulièrement faites?

2° Le platine peut-il être considéré comme le producteur du courant observé?

Vous le voyez, l'enquête fut sérieuse, complète, elle fut à la hauteur d'un sujet dont l'importance ne saurait être comprise aujourd'hui, mais qui se révélera plus tard, lorsque les faits feront apparaître tout à coup des conséquences inattendues.

Bien que je n'aie point provoqué l'avis des savants sur la *question de priorité,* presque tous, cependant, ont exprimé nettement leur opinion sur ce point; ils n'accordent aucune valeur aux expériences de Bellingeri; plusieurs, surtout les physiciens italiens, les qualifient sévèrement; MM. Schœnbein et de la Rive les tiennent pour inexactes, et le professeur de Genève vient de formuler publiquement son jugement dans les termes suivants : « Après avoir pris connaissance de la réponse de M. Scoutetten, nous sommes demeuré convaincu que l'on ne peut réclamer en faveur de Bellingeri la priorité de ces recherches. » Plus loin il ajoute : « Le physicien italien ne pouvait avoir, à l'époque où il faisait ses travaux, aucune idée de la force électromotrice provenant de la réaction chimique mutuelle des deux espèces de sang[1]. »

Un savant français, M. Barral, après avoir longuement discuté ce sujet termine sa lettre en disant: « C'est, en outre, la première fois qu'on opère vraiment sur du sang en pleine circulation dans l'animal vivant, et vous êtes bien le premier qui ayez démontré l'électricité du sang. »

[1] De la Rive, *Bibliothèque universelle. — Archives des sciences physiques,* 20 novembre 1863, p. 280.

M. le professeur Malaguti exprime la même pensée dans des termes à peu près identiques. (Lettre du 8 octobre 1863.)

Terminons cette question de priorité que vous n'avez jamais contestée, je me hâte de le reconnaître, et arrivons aux points importants qui doivent nous occuper.

Votre dernière lettre, si remarquable par la profondeur des connaissances et la lucidité de l'exposition, peut se résumer en ces deux points principaux : 1° Vous inclinez à penser, jusqu'à démonstration contraire, *que le platine employé à la constatation des courants n'en est pas seulement le révélateur, mais encore le producteur ;*

2° Vous demandez qu'on se mette en garde contre les effets de la polarisation des fils de platine lorsqu'on recueille de faibles courants, et, après avoir indiqué les précautions qu'il faut prendre, vous terminez en disant : « *Il est nécessaire de placer les fils ou les lames de platine, non pas dans les liquides dont on veut connaître l'action réciproque, mais dans un autre liquide, le même pour chaque lame de platine, et qu'on fait communiquer convenablement avec les liquides que l'on explore. Si, en prenant ces précautions, vous mettiez un courant en évidence, vous feriez connaître, à coup sûr, un fait curieux ; mais l'existence d'un courant cheminant du sang veineux au sang artériel chez l'animal vivant resterait encore à démontrer.* »

Cette question, si nettement posée, exigeait de nouvelles expériences qui, selon le résultat obtenu, devaient m'affermir dans la pensée que j'ai constamment soutenue, ou démontrer mon erreur.

Plusieurs motifs se réunissaient, d'ailleurs, pour ne point me permettre d'hésiter ; votre opinion était appuyée par les autorités scientifiques les plus considérables : MM. Kirchhoff, de Heidelberg, Buff, de Giessen, du Bois-Reymond, de Berlin, etc., sont d'avis que les lames de platine peuvent jouer un rôle dans la production du courant observé dans mes expériences sur le sang. Il existe cependant des nuances dans l'expression de leurs pensées : M. du Bois-Reymond est absolu, M. Buff l'est moins. Voici comment il s'exprime :

« Bien que dans vos expériences on ne puisse méconnaitre une influence propre aux électrodes de platine, il est impossible que les courants observés aient dépendu uniquement de cette cause, car la direction non interrompue de ce courant démontre une influence électrique des deux espèces de sang sur le platine. » Plus loin il ajoute : « Il serait d'un grand intérêt scientifique d'étudier cette question, indépendamment de l'influence perturbatrice des électrodes. Un petit changement dans votre procédé expérimental me semble conduire à ce but. Il faudrait pour cela un petit bassin facile à construire avec quatre compartiments, a, b, c, d, séparés l'un de l'autre par trois parois poreuses. Les cellules a et d seraient remplies d'un liquide homogène, par exemple d'eau pure ou d'une solution faible de sel; ces cellules serviraient à recevoir les électrodes, tandis que le sang veineux serait mis dans la cellule b et le sang artériel dans la cellule c, de sorte que ces deux espèces de sang pourraient agir l'une sur l'autre par les parois poreuses b et c qui les séparent. » (Lettre du 16 octobre 1863.)

M. du Bois-Reymond me donne le même conseil, il m'envoie une description identique de l'appareil et, pour le faire mieux comprendre, il y joint une figure. (Lettre du 11 octobre 1863.)

A ces avis bienveillants vinrent s'ajouter ceux de M. de la Rive qui me proposait de substituer aux lames de platine, des lames d'or ou d'argent qui ne se polarisent pas, ou, plus exactement, qui se polarisent beaucoup moins que le platine.

M. Matteucci repousse d'une manière absolue le platine; il pense qu'il n'est pas possible de faire des expériences d'électro-physiologie, du genre de celles qui nous occupent, en se servant de ce métal; qu'il faut le remplacer par des électrodes en zinc amalgamé plongeant dans une dissolution de sulfate de zinc saturée et neutre, et qu'on doit éviter le contact direct avec le sang : une figure dessinée à larges traits, indique en outre l'ensemble de l'appareil. (Lettres des 18 et 23 octobre 1863.)

Après avoir soigneusement pesé les avantages et les inconvénients de chaque procédé, j'ai adopté celui de M. Matteucci, en le modifiant légèrement.

Je ne vous décrirai point les précautions prises pour donner aux résultats de l'expérience un caractère satisfaisant de régularité et d'exactitude, je suis convaincu que l'intérêt que vous portez à la question vous a déterminé à lire le mémoire que j'ai adressé à l'Académie des sciences et dont un extrait a été inséré dans les *Comptes rendus* de la séance du 9 novembre, mémoire qui, en outre, vient d'être publié en entier dans la *Gazette hebdomadaire* du 12 décembre dernier.

Cette lecture vous aura prouvé, je l'espère, que j'ai tenu le plus grand compte de vos remarques, et que, selon votre désir, j'ai mis en évidence *le fait curieux* qui vous intéressait. J'ajoute que mes nouvelles expériences démontrent, sans objection possible, que le platine n'est pas le *producteur* du courant électrique qui se manifeste au contact du sang veineux avec le sang artériel.

Ces faits, une fois acquis, il nous a semblé qu'il était nécessaire, pour leur donner une valeur scientifique applicable à la physiologie, de connaître l'intensité du courant, et, pour y parvenir, de chercher à évaluer la force électromotrice produite au contact des deux sangs à travers le vase poreux.

Cette force a peu de puissance, il a fallu prendre des précautions spéciales pour la déterminer, mais nous y sommes parvenu et c'est là encore un point important acquis à la science.

Vous ne serez point étonné de la faible intensité du courant ; vous comprendrez mieux que personne, en votre qualité de physiologiste éminent, qu'il ne pouvait en être autrement sans-troubler l'organisme et y occasionner, dans certaines circonstances, des perturbations violentes.

Ici, sans doute, vous serez disposé à m'arrêter et à me dire : Oui, le contact des deux sangs, dans des conditions déterminées, donne naissance à des phénomènes électriques, mais *l'existence du courant cheminant du sang veineux au sang artériel chez l'animal vivant reste à démontrer.*

Cette objection est juste, il faut que j'y réponde, mais le moment n'est pas venu. Si je m'abstiens, c'est qu'aujourd'hui, lorsqu'on espère appeler l'attention des hommes sérieux, il n'est plus permis de se livrer à des considérations théoriques avant d'avoir solidement établi les faits qui peuvent les justifier. C'est la marche que j'ai suivie jusqu'à ce jour, je n'ai pas voulu faire un pas sans contrôle ni justification ; j'ai préféré paraître m'avancer vers l'inconnu, sans but déterminé, que de proclamer des découvertes qui ne seraient point appuyées de démonstrations expérimentales.

Toutefois, autorisez-moi, par exception, à dire que je crois avoir mis hors de doute, par des expériences directes, qu'il existe des courants électriques dans le corps des animaux vivants, qu'ils y sont permanents, que sans eux la vie est impossible, qu'elle se ralentit lorsqu'ils faiblissent, qu'elle s'éteint lorsqu'ils cessent.

J'espère mieux encore, j'espère vous démontrer qu'il existe une circulation nerveuse comme il y a une circulation sanguine ; bien plus, qu'il y a deux circulations nerveuses ; l'une pour la vie de relation, l'autre pour la vie organique ; que la première a pour agents de circulation le cerveau, la moelle épinière, les nerfs centripèdes et centrifuges ; que la seconde a pour organes le nerf sympathique, les ganglions et les plexus ; que ces deux circulations sont indépendantes l'une de l'autre, que la première peut être suspendue ou détruite dans une partie sans que la seconde soit entravée ou modifiée. Toutefois, malgré cette indépendance presque absolue, quelques filets nerveux du grand sympathique peuvent transmettre au cerveau des impressions vagues et, dans quelques cas exceptionnels, des sensations douloureuses.

Lorsqu'il sera bien démontré que les nerfs jouent, dans le corps des animaux, le rôle du fil métallique dans la pile, que les nerfs centripèdes et centrifuges ferment le circuit, on comprendra que la circulation nerveuse doit éprouver une perturbation immédiate par l'effet d'une modification chimique de l'un et l'autre sang. Supposons, pour exemple, qu'une cause quelconque s'oppose à l'oxygénation du sang artériel ; tous les vaisseaux se remplissent alors de sang noir, les deux liquides sanguins deviennent homogènes, la production d'électricité faiblit, s'éteint ; de là, diminution de stimulation nerveuse, sommeil, insensibilité générale et finalement mort si les causes du trouble persistent. Ainsi s'expliquent avec facilité les phénomènes remarquables, et jusqu'ici controversés, produits par le chloroforme, l'éther, l'acide carbonique, le froid intense ou tout autre agent anesthésique pouvant ralentir ou anéantir la circulation nerveuse.

Il serait facile d'appliquer ces considérations à divers états physiologiques ou pathologiques du corps humain et de démontrer que partout où la composition chimique du sang n'est pas normale, ou subit seulement une altération passagère, il y a faiblesse générale, troubles nerveux, quelquefois désordres profonds et mort imminente. Alors viendraient les tempéraments lymphatiques, la chlorose, l'anémie, les fièvres typhoïdes, le scorbut, etc..... Mais n'anticipons pas sur l'avenir, point de théorie, des faits, des faits nombreux, *acta non verba.*

Je pourrais, maintenant, terminer cette lettre, si je ne tenais à répondre à une dernière objection à laquelle vous paraissez accorder une notable importance. Vous admettez

que le courant manifesté au contact des deux sangs est dû à
l'action réciproque des gaz contenus dans le liquide sanguin,
gaz qui sont au nombre de trois, *l'oxygène, l'azote* et *l'acide
carbonique.*

J'ai objecté (page 650 de la *Gazette hebdomadaire*, t. X)
que les gaz contenus dans le sang sont à l'état de dissolution,
qu'ils ne peuvent se combiner sous l'influence du platine et
donner naissance à un courant électrique.

Vous m'avez répondu en me citant un passage du mémoire
de M. Grove, inséré dans les *Archives de l'électricité* (t. III,
1843, page 510), où il est dit : « La combinaison oxygène et
azote a produit une légère action pendant les premières
minutes; il y a même eu quelque effet sur l'iodure de
potassium. »

Je n'ai pas sous les yeux ce travail de M. Grove, mais tout
en déclarant que je tiens pour très-exacte la citation que
vous faites, je ne puis pas, cependant, ne point rappeler
l'assertion contraire de M. de la Rive. Je trouve dans
son ouvrage (tome II, page 670, 1856, le passage suivant :
« M. Grove a fait un très-grand nombre d'expériences sur la
pile à gaz, en remplaçant l'oxygène et l'hydrogène, soit
séparément, soit simultanément, par d'autres substances
gazeuses : les expériences ont toutes donné des résultats
parfaitement conformes à la théorie que nous avons exposée.
Ainsi *l'azote* mis à la place, soit de l'oxygène, soit de
l'hydrogène n'a produit aucun effet. »

Je ne me suis pas borné à admettre l'affirmation de ce
savant, j'ai répété, moi-même, avec mon gendre, M. Bouchotte, les expériences indiquées. Une des éprouvettes d'un
voltamètre contenait de l'oxygène obtenu par la décompo-
sition de l'eau, la seconde éprouvette renfermait de l'azote;
nous avons laissé ces gaz en contact avec l'eau pendant
plusieurs heures, afin que ce liquide pût en dissoudre une
partie : les lames de platine offraient une large surface.

Malgré ces précautions le galvanomètre ne nous a révélé aucune trace de courant.

Plus tard, nous avons substitué l'acide carbonique à l'azote, le résultat a été le même. J'ajouterai que M. de la Rive vient de nouveau et tout récemment, à l'occasion de notre controverse, de confirmer mon sentiment. « Les gaz dissous dans le sang, dit-il, ne peuvent pas donner naissance à un courant, parce que la combinaison chimique n'est pas possible. (*Bibliothèque univers. de Genève,* page 281, 20 novembre 1863.)

Remarquons, enfin, que, d'après la déclaration de M. Grove, la combinaison oxygène et azote ne produit une faible action que pendant quelques minutes. Or, dans nos expériences sur le sang, ce n'est pas par minute que nous comptons la durée des effets, c'est par quart d'heure, et même par heure. Il faut donc conclure de ces faits que le courant électrique produit au contact des deux sangs ne peut être attribué à l'action de gaz qui ne se combinent pas ou qui ne réagissent que très-faiblement et pendant un temps très-court.

Nous nous croyons définitivement autorisé à maintenir l'explication que nous avons donnée touchant l'origine du courant observé, c'est-à-dire que les deux sangs en contact, mais séparés par une cloison poreuse artificielle ou constituée par les parois des vaisseaux, représentent deux dissolutions conductrices d'électricité capables d'exercer mutuellement, l'une sur l'autre, une action chimique, principalement due à l'oxygène dont le sang artériel est chargé, gaz qui joue le rôle de combureur ou d'acide par rapport au sang veineux et qui détermine la direction du courant observé.

J'aime à espérer que mes expériences récentes ont répondu à vos désirs, qu'elles ont levé vos doutes. Je souhaite encore que vous reconnaissiez que, sans m'écarter des règles sévères et des saines doctrines de la science, j'ai signalé à l'attention des savants un fait d'une haute importance pour la physiologie générale ; importance, toutefois, qui ne sera appréciée que lorsque le travail d'ensemble que je médite aura relié les faits entre eux et fait voir les phénomènes de la vie sous un jour nouveau.

En finissant cette lettre, permettez-moi de vous adresser mes remerciments : vos objections savantes m'ont forcé à mieux étudier mon sujet, à le considérer sous tous les aspects, à interroger les illustrations scientifiques de l'Europe, à profiter de leurs conseils et à parvenir, enfin, à dissiper les doutes qui existaient encore dans l'esprit des juges les plus compétents.

Cette forme de correspondance, dans laquelle une question est sérieusement discutée, offre de grands avantages, elle permet d'indiquer de suite les côtés faibles du sujet, ou de mettre en relief ce qu'il renferme de bon et d'utile.

Les écrivains du siècle dernier nous ont laissé, sous ce rapport, de beaux exemples à suivre : m'inspirant de leur sage pensée, je m'estimerais très-heureux si, trouvant encore des faits douteux ou des explications insuffisantes, vous vouliez bien me les signaler publiquement, tout disposé que je suis à réparer ma faute et à ne jamais me sentir blessé lorsqu'une erreur détruite tourne au profit de la science.

Veuillez agréer,

Monsieur et très-honoré professeur,
l'expression des sentiments de haute
considération de votre serviteur,

SCOUTETTEN

www.ingramcontent.com/pod-product-compliance
Ingram Content Group UK Ltd.
Pitfield, Milton Keynes, MK11 3LW, UK
UKHW021716090726
13657UKWH00005B/2276